聪明的孩子爱提问

天上有多少颗星星？

[西班牙] 奥尔加·费兰·安德烈 | 著　[西班牙] 大卫·阿鲁米 | 绘
杨子莹 | 译　王善钦 | 审校

中信出版集团 | 北京

图书在版编目（CIP）数据

天上有多少颗星星？/（西）奥尔加·费兰·安德烈著；（西）大卫·阿鲁米绘；杨子莹译. -- 北京：中信出版社，2023.7

（聪明的孩子爱提问）

ISBN 978-7-5217-5699-9

Ⅰ. ①天… Ⅱ. ①奥… ②大… ③杨… Ⅲ. ①宇宙－儿童读物 Ⅳ. ① P159-49

中国国家版本馆 CIP 数据核字（2023）第 077904 号

天上有多少颗星星？
（聪明的孩子爱提问）

著　　者：［西班牙］奥尔加·费兰·安德烈
绘　　者：［西班牙］大卫·阿鲁米
译　　者：杨子莹
出版发行：中信出版集团股份有限公司
（北京市朝阳区东三环北路27号嘉铭中心　邮编　100020）
承 印 者：北京盛通印刷股份有限公司

开　　本：720mm × 970mm　1/16　　印　　张：4　　字　　数：50千字
版　　次：2023年7月第1版　　印　　次：2023年7月第1次印刷
京权图字：01-2023-0445
书　　号：ISBN 978-7-5217-5699-9
定　　价：79.00元（全5册）

出　　品：中信儿童书店
图书策划：好奇岛
策划编辑：明立庆　　审　　校：王善钦
责任编辑：李跃娜　　营　　销：中信童书营销中心
封面设计：韩莹莹　　内文排版：王莹

目录

什么是星系？

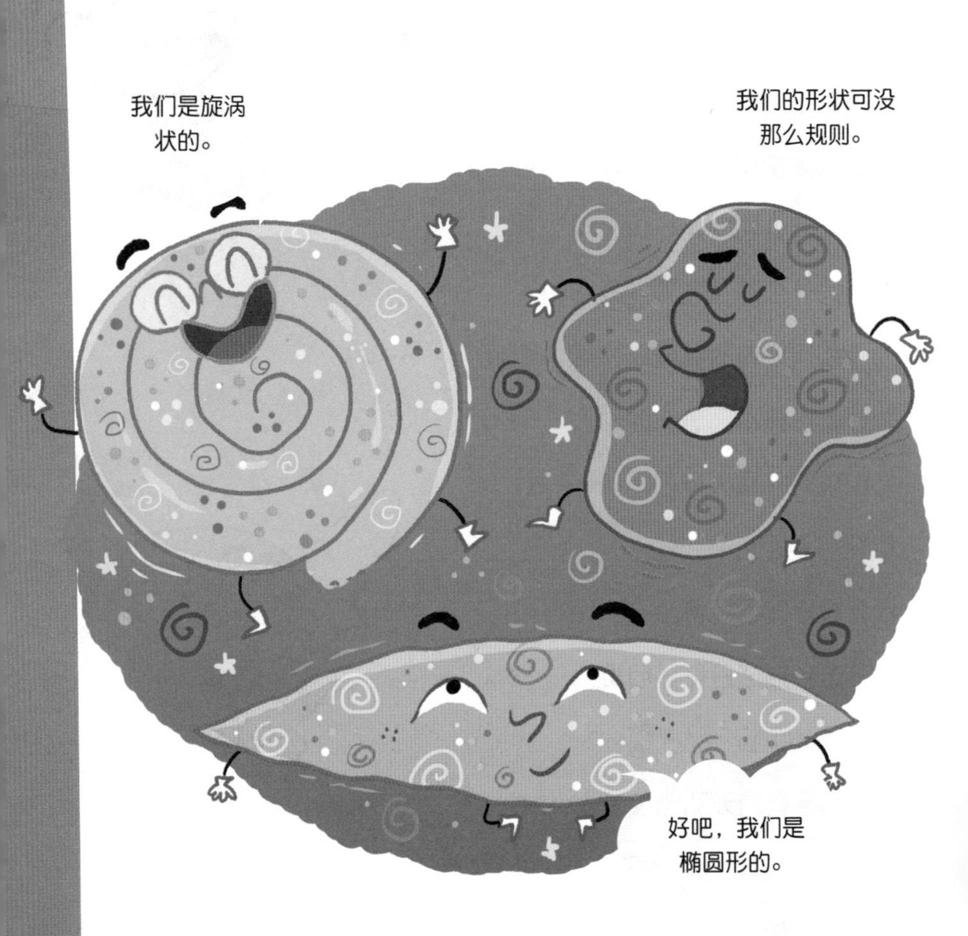

你在天空中看到的星星们会组成不同的**群体**，每个群体的星星们会结伴在**太空**中旅行。每一个群体的星星被称为一个星系，不同星系**形状**不同。宇宙中有上千亿个星系。

什么是银河系？

银河系是众多星系中的一个，我们熟悉的太阳和我们赖以生存的地球都位于银河系中。它的形状像一个螺旋。和其他星系一样，银河系中除了太阳之外，还包含数千亿颗星星。我们在天空中看到的银河系像一条亮带，比周围的一切更亮。

我们能数清天上有多少颗星星吗？

在一个万里无云的夜晚，我们可以试着数一数。实际上，我们在夜空中看到的星星，大部分是恒星。我们用**肉眼**可以看见的恒星大约有**6500颗**。但是天空中还有更多的星星，它们距离我们非常遥远，有些可以用**望远镜**看到，有些用望远镜也看不到。

恒星会有一天不再亮吗？

时间久了会不再亮的。想象一下，恒星是一个**发光**的球，它不停地燃烧着，向周围散发着**光和热**。手电筒在电池没电后就不再发光了，这些恒星也是一样，当内部的**燃料耗尽**时，它们就会熄灭。

恒星是由什么组成的？

恒星主要由氢和氦组成。氢和氦是什么呢？它们是两种物质，在地球上以气体的形式存在。在恒星的中心，氢与氢之间相互挤压，**发生反应**，形成氦，同时产生大量的热和光。当恒星足够大时，氦与氦甚至其他元素之间也会发生反应，形成其他物质。

恒星是怎么诞生的？

恒星形成于星云内部。星云是由大量的尘埃和气体构成的。星云内的气体相互挤压，发生反应，从而释放出光和热。恒星就是这样诞生的。

恒星是怎么死去的?

恒星的熄灭就意味着接近死亡，也就意味着燃料耗尽了。然后它们可能会爆炸，并将它们的物质抛散到整个星系；或者会在抛出部分物质后逐渐冷却下来。

恒星离我们很远吗?

是的，恒星离我们非常非常遥远，有**数十万亿千米**的距离。如果我们想乘坐最快的飞船，从地球飞到离太阳最近的那颗恒星，得需要**好几万年**才能到达。这可是趟非常长的旅行啊，你不觉得吗?

离地球最近的恒星叫什么名字？

这个问题的答案你肯定知道。先来猜个谜语吧。

我长得圆又圆，

我让你暖洋洋。

每天都早早出来，

晚上又躲起来。

答案：太阳

大熊座是什么？
小熊座呢？

大熊座是一个**星座**，也就是一组星星。这组星星形成的图案像一只**熊**，而其中的北斗七星像勺子。小熊座也是一个**星座**，它主要的几颗星形成的形状也像勺子，勺柄的末端是北极星。

我们在晚上能通过星星来辨别方向吗？

可以。只要我们找到了**北极星**，就能知道哪边是**北**，因为它永远在**北方**。北极星非常明亮，位于小熊座“勺柄”的末端。晴朗的**夏夜**，你可以在大人的陪同下试着找一找。

我们在天空中看到的总是同一批星星吗？

并不是。地球每年绕着太阳转一圈，在这段旅程中，我们会在天空中看到**不同的星星**。一年结束的时候，地球又回到了起点，准备开始新的一圈旅程。

为什么只有在晚上才能看到星星？

白天的时候星星也是明亮的，但我们周围的一切都被太阳光包围了。因为太阳发出的光实在太强烈了，把其他星星的光都比下去了。

太空很冷吗？

是的，而且也很热。比如说，在地球附近的太空中，如果一名航天员从飞船里出来，当他面朝着太阳时，将处于100多摄氏度的高温之中；但如果接受不到阳光的照射，几秒钟内温度就可以降到零下180摄氏度，比家里的冰箱还要冷很多。

夜空中哪颗星星最亮？

夜空中最亮的星星是金星，它是太阳系里的一颗行星。最亮的恒星是天狼星，但它不是一颗单独的星星，而是两颗挨得很近的星星。天狼星有时也被称为犬星。

什么是小行星？

小行星是绕着太阳转的小天体，主要是**岩石碎块**，它们比同样绕着太阳旋转的行星要小得多。有的小行星很小，但有的比我们地球上最高的山峰——**珠穆朗玛峰**还要大！

什么是陨星？

当彗星、小行星等绕着太阳旋转时，可能会与其他小行星等**相撞**，形成的碎块就是流星体。大多数流星体在穿过大气层时会燃烧起来，留下一道**发光**的踪迹，这就是我们熟悉的**流星**。而流星体未被完全烧毁而落到地面的部分就是陨星。

会有巨大的陨星落到地球上吗？

会的，大的陨星可能会落到地球上，但这**很少**发生。在地球的整个生命中，曾有一些巨大的陨星落下来，这让有些植物和动物消失不见了，例如很多人认为**恐龙**的灭绝与陨星撞击地球有关。

什么是彗星？

彗星是由**冰**和**岩石**的碎块等组成的，它也绕着太阳转。当彗星靠近太阳时，太阳发出的热量会使冰**融化**，产生的气体和尘埃会在天空中形成**长尾巴**。我们的眼睛就能看到它。

什么是流星雨？

这次的“雨”下的不是水滴，而是星星。一些太空中的小碎粒坠入地球的大气层时，会燃烧起来，如果数量多，就会形成流星雨，并照亮夜空。

我们能在太阳系的任何地方找到小行星吗？

不能。太阳系中的绝大多数小行星集中分布在特定的区域，呈环带状，所以我们把这样的区域叫作**小行星带**。小行星带中这些不计其数的小行星都绕着太阳旋转。

什么是卫星？

“卫星”这个名字包含两种不同的事物：一种是绕着行星旋转的**天然天体**，比如我们的**月亮**；另一种是绕着地球旋转的**人造天体**，比如为我们报告天气的**人造卫星**。

什么是太阳系？

太阳系包括所有绕着太阳旋转的**行星**、这些行星的**卫星**，以及**彗星**和**小行星**等。太阳位于整个太阳系的中心，它对其他天体有着非常强大的**吸引力**，所以这些天体不停地绕着太阳转来转去。

太阳系中的行星都叫什么名字？

按照离太阳从近到远排列，8颗行星分别是水星、金星、地球、火星、木星、土星、天王星、海王星。

哪颗行星上最热？

我们可能会认为水星是最热的行星，因为它离太阳最近，但实际上并不是这样。金星虽然离太阳远一些，却比水星热，因为它有一层特殊的大气层，使得太阳的热量到达金星后不容易散去。所以，金星表面温度极高，它就像一个巨大的桑拿房！

我们能在别的星球上生活吗？

如果我们在太阳系的其他行星上生活，会感觉特别**不舒服**，因为那里不是太热就是太冷，而且没有适合呼吸的**空气**。若干年后，也许我们能把另一个星球建成“地球2号”，但如果想要离开那个星球，就必须穿上**航天服**。

太阳系所有行星的内部构成都一样吗？

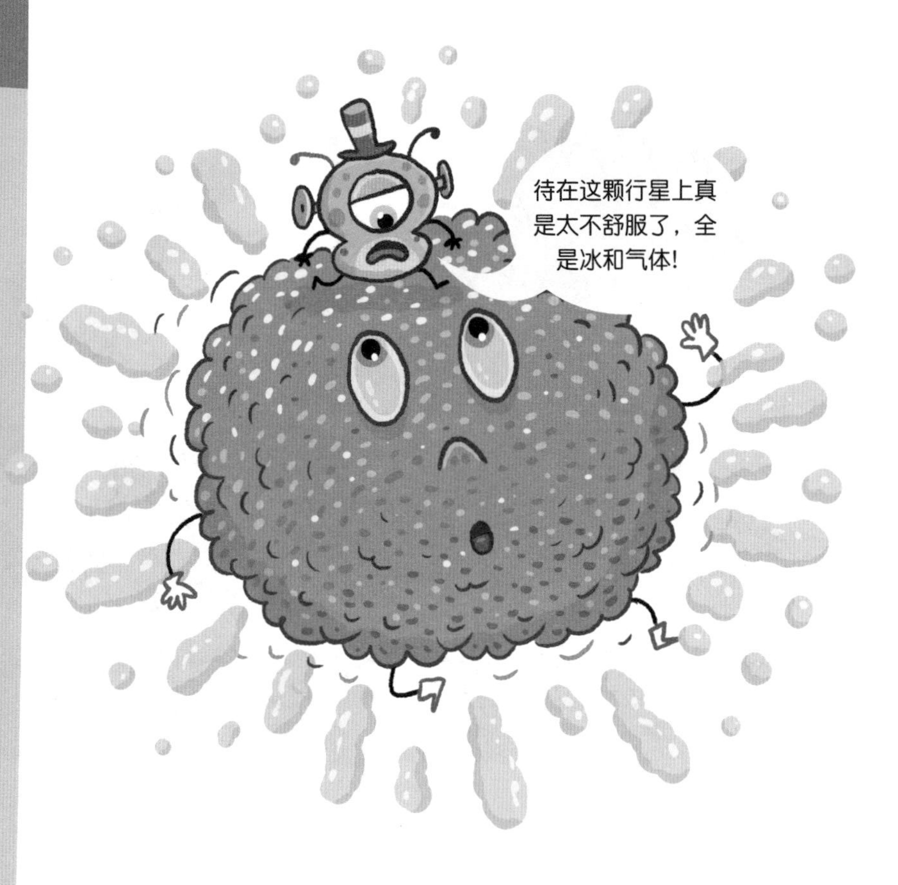

不是的。**水星、金星、地球和火星**是比较坚硬的行星，因为它们主要是由**岩石**构成的；而其余的行星主要是由**气体**构成的，就像又大又密实的云球。

所有行星都有天然卫星吗？

太阳系除水星、金星没有天然卫星外，其他行星都有天然卫星。其中有的行星，比如地球，只有一颗天然卫星（月亮）。但有的行星，像土星至少有83颗天然卫星，木星则至少有92颗天然卫星。

什么是土星环？

数十亿大小不等的尘埃、冰块和碎石绕着土星“腰部”旋转，形成了一个个又宽又薄的、扁平状的环。从地球上或太空中望去，就好像土星的腰上带着一个个环一样。

宇宙很大吗？

是的，但科学家们很难量出它到底有多大。你可以想象一下，就像要用直尺测量一片森林的大小一样，这几乎是不可能的。如果没有特殊工具，就很难测量出森林有多大。当然了，宇宙实在**太大**了，目前还没有哪种工具能够测量出它的大小。

宇宙是怎么形成的？

科学家们认为，在最开始的时候，宇宙中的一切（行星、太阳、星系……）都集中在一个比米粒还小的空间中。后来宇宙爆炸了（**“宇宙大爆炸”**），并迅速膨胀。然后，爆炸形成的气体和尘埃结合在一起，形成了恒星和行星。

比这还小的地方，怎么装得下一切呢？

恒星和行星都是什么形状的？

虽然我们平时会把星星画成五角形，但实际上行星和恒星大多是**球形**的，就像一个个巨大的篮球一样。

有人到过月亮上吗？

有。1969年，**阿波罗11号**宇宙飞船首次把人类送到了月球上。执行任务的一共有三名航天员，其中的两位（尼尔·奥尔登·阿姆斯特朗和埃德温·奥尔德林）曾离开登月舱，在**月球表面漫步**。他们还进行了各种观测，并从月球表面收集了一些样本。后来，又有其他航天员登陆过月亮。

我们为什么把月亮画得像奶酪？

月亮不是由奶酪制成的。和地球一样，月亮表面也覆盖着**岩石**。有时候，我们会把它画得像奶酪，那是因为月亮的表面上到处都是**坑**，这些坑都是**陨星**掉到月亮表面时砸出来的。

其他行星上可能有生命吗？

这个嘛，现在我们还**不确定**。在人类已经探测过的行星上，并没有发现任何生物存在的痕迹。但宇宙中可能存在很多**和地球很相像的行星**，我们还没有一一探测过，所以……人类说不定真的有邻居！

飞得最远的宇宙飞船是哪一艘呢？

是**旅行者1号**探测器，它于1977年从地球发射。到了2012年，旅行者1号已经离地球非常遥远了——它已经**飞离了太阳系**。它的能量将在2025年耗尽，到了那时候我们将接收不到它传给我们的数据了。

什么是国际空间站？

它是由多个国家一起合作建造的**轨道空间站**，在离地面400千米左右的高空中，绕着地球旋转。它最多可以容纳6名航天员。航天员们在空间站需要做大量**科学实验**和**探测活动**，还要对有故障的地方进行维修。

我们能从地球上看到国际空间站吗？

可以，但我们需要在特定的时间、特定的位置才能看到。国际空间站每90分钟就能绕地球一圈，所以它的运行速度是非常快的。如果想看的话，最好选择日落或日出的时候，而且不能是阴天。它看上去像一架非常明亮的飞机，飞得又高又快。

航天员为什么要穿航天服？

因为太空中不是太冷就是太热，也没有适合的空气可供呼吸。太阳和其他恒星还会释放出有害的射线，航天服可以保护航天员免受那些射线的伤害。这可不是件普通的衣服，它的价格非常昂贵，重量能达到130千克。

想要成为一名航天员，需要具备哪些素质？

要想成为一名航天员，你必须具有很强的**学习能力**，不过不用进行专门的研究。而且必须**视力**没有问题，**身体状况**良好。如果你会驾驶真正的**飞机**，还能获得额外加分呢。

想要观察恒星，我们都需要什么呢？

如果是非常亮的恒星，我们用**眼睛**就能直接看到。我们还需要有一个成年人在旁边告诉我们，正看着的是哪一颗恒星。如果我们有**双筒望远镜**，可以好好利用一下，但最好还要准备三脚架。当然啦，**永远不要直视太阳**，因为那会伤害到我们的眼睛。

观察星星的最佳地点在哪里？

想要观察星星，最重要的是找到一个**没有光**的地方。这对你来说似乎很容易，但事实上并不是这样。城市的夜晚，总是有**灯光**把天空照得亮亮的，这让好多星星的光芒都被掩盖了，我们就无法看见了。

太阳在太空中是运动着的还是静止的？

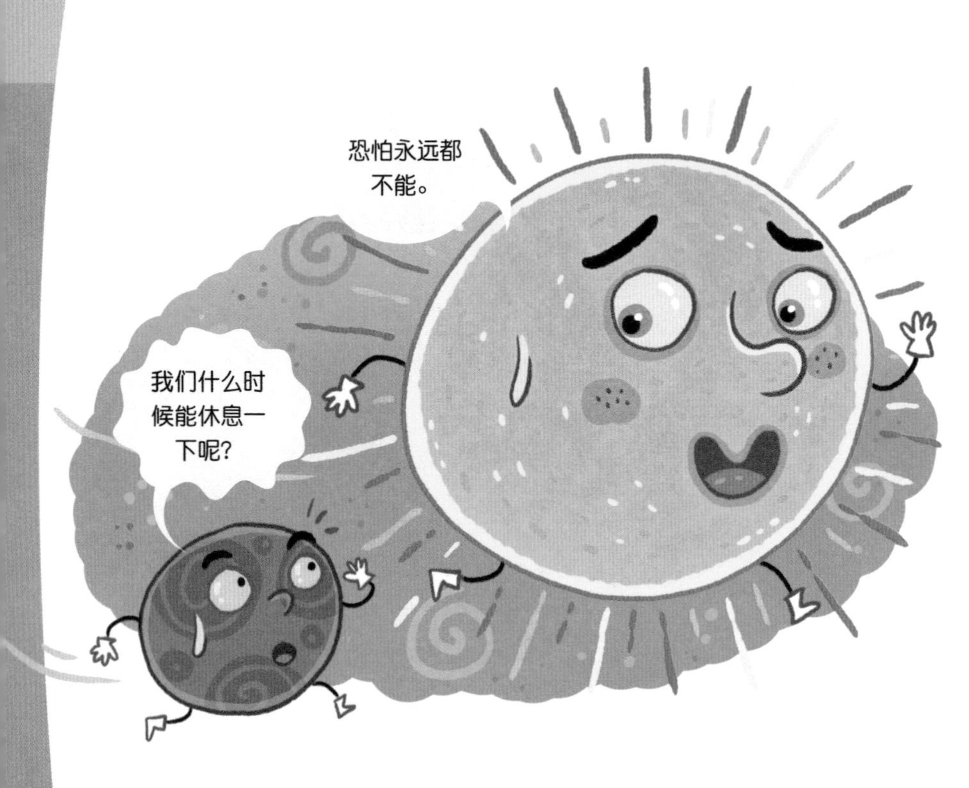

在太空中，没有什么是静止的，**一切都在运动**，当然也包括我们的太阳。太阳、行星和太阳系中其他的天体都绕着我们银河系的中心——**银心**旋转着。那么银河系是静止的吗？不，它也在运动，而且运动得非常**快**。

月亮为什么会发光？

我们看着月亮，觉得它在发光，这是因为它正在**反射太阳的光**。月亮就好像一面**巨大的镜子**。但是要注意啦！我们看到的月亮并不总是那么明亮。

月亮为什么不飞速冲向太空？

月亮被地球“困住”了。地球把月亮固定住用的不是绳子，而是**引力**。地球表面的物体也受到地球引力的作用，这种引力称为**重力**。重力能让我们站在地面上，在我们跳起来时把我们拉回地面。

为什么月亮有时候看起来像一瓣橘子？

我们的月亮是一个**球体**，就像一个足球一样。由于月亮、地球、太阳之间的**位置**会变化，所以我们在地球上看到的月亮会有不同的形状。有时月亮看起来就像一个盘子，我们称它为**满月**；有时它看起来就像一瓣橘子，我们称它为**蛾眉月**或**残月**；我们有时可能什么也看不到，我们称此时的月亮为**新月**。

为什么月亮不会落向地球？

因为月亮一刻不停地绕着地球旋转，产生了一种**离心力**，它可以对抗引力。假如有一天月亮停下来，看不见摸不着的**引力**就会使它落下来，就像我们把球扔到空中后会发生的那样。

宇宙中有外星人存在吗？

虽然有人说他们见过外星人的飞碟，也见过来自另一个世界的生物，但我们仍然**不确定**外星人是否真的存在。然而，宇宙是如此之**大**，它里面有那么多行星，说不定哪一颗上就会有**外星人**存在呢。

月亮有多大？

月亮是一颗**非常大**的卫星，但我们觉得它很小，这是因为它离我们非常遥远。假如我们想用月亮把地球充满，大概得需要50个月亮。

什么是日食和月食？

出现日食或月食，是因为太阳、月亮和地球玩起了**捉迷藏**。从地球上看，月亮或太阳会**消失几分钟**。日食和月食每年发生的**次数不多**，而且月食也不是每年都出现。每次出现日食或月食时，我们在地球上能看到它们的地方也有所不同。有的**科学家**为了能够观察到日食或月食，会特意跑到几千千米以外的地方去。

为什么会形成日食和月食？

太阳、月亮和地球**排成一排**时，才能出现日食或月食。这时，位于中间的那个天体会投下**阴影**，覆盖另一个天体。月食会形成是因为地球的阴影覆盖了月亮；而出现日食，则是月亮遮住了太阳。

地球是如何运动的？

地球主要做两种运动：自转和公转。自转就是地球自己旋转，每转一圈是一天。公转就是地球绕着太阳旋转，每转一圈是一年。

为什么会有白天和黑夜？

地球就像一个巨大的陀螺，每24小时也就是一整天转完一圈。自转过程中，地球的一面会受到阳光照射，所以这一面就处于白天；与此同时，它的另一面处于黑暗中，所以那面就是黑夜。

地球上所有地方都是同一个时间吗？

不是的。当地球的一部分正处于白天时，另一部分处于黑夜。每个地方的时间都是根据太阳所在的位置确定的。因此，有些人正在黑夜睡觉时，另一些人则是进行着白天的活动。

什么是地球的轨道？

地球绕着太阳旋转时经过的**路径**就是地球的轨道。它是**椭圆形**的，也就是那种两端被稍稍拉长的圆形。

为什么会有季节变化?

地球绕着太阳转圈时，它自己是带着一点倾斜角度的。这样的话北半球的夏天，太阳光线的照射时间更长，白天更长，天气也更热；冬天的时候，太阳的照射时间更短，白天更短，天气也更冷。南半球的情况则正好相反。

我们能摸到云吗？

不能。云是由数百万的**小水滴**或**冰晶**在空气中聚集而成的。这些水滴来自河流、湖泊和海洋中的水，水被太阳的热量**蒸发**后，遇到冷空气就变成了水滴。当云中的小水滴或冰晶过重时，它们就会落到地面上，这就是**雨**。

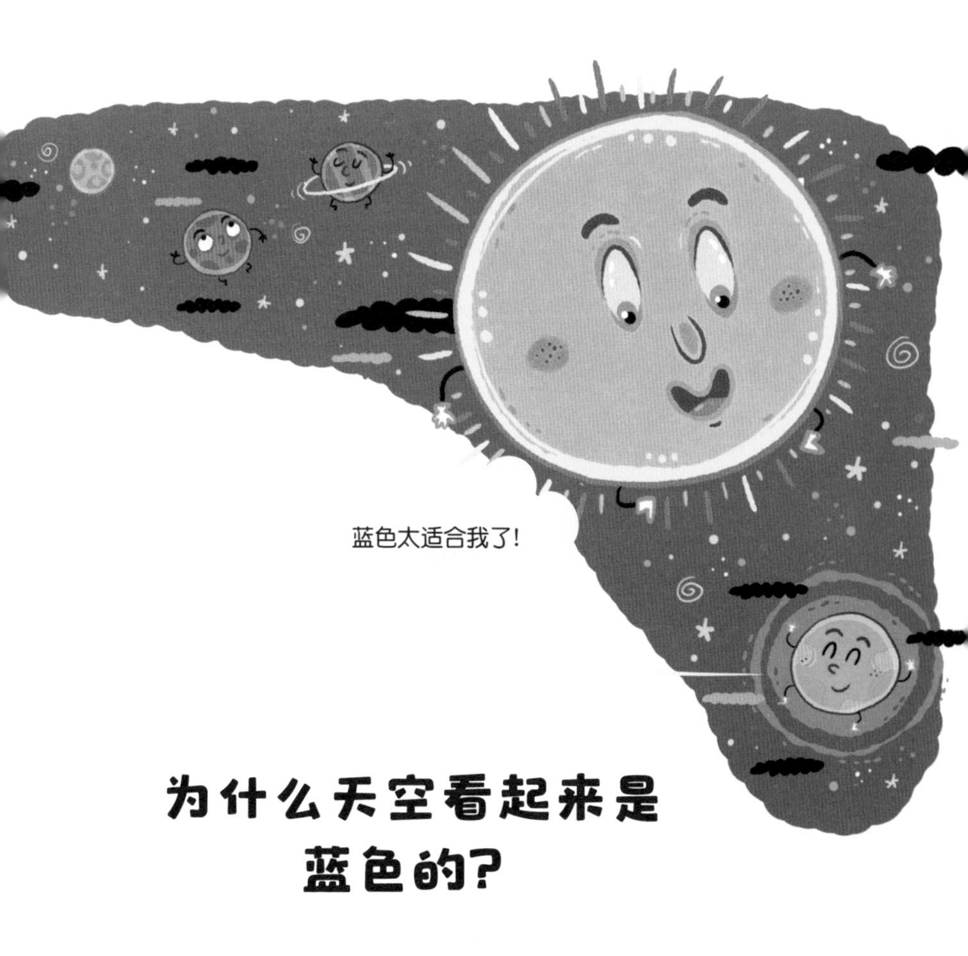

为什么天空看起来是蓝色的？

太阳光中有七种颜色，这七种颜色也就是彩虹的颜色。当阳光穿过环绕地球的**大气层**时，它会在空气中遇到一些**小分子**，这些小分子主要**散射**蓝色的光。